NOTICE

SUR LES

EAUX MINÉRALES NATURELLES

les plus en usage.

NOTICE

SUR LES

EAUX MINÉRALES NATURELLES

les plus en usage.

QUI SE TROUVENT A L'ENTREPÔT GÉNÉRAL DE TOUTES
LES EAUX MINÉRALES NATURELLES DE FRANCE ET DE
L'ÉTRANGER,

Chez Salmon,

Agent et Représentant des Propriétaires et Concessionnaires
des principales sources,

AUX ARMES DE NASSAU, RUE DES ARCIS, 11.

Cette Notice fait connaître le composé de chacune de ces Eaux, d'après
leur analyse, leurs principales propriétés médicales, les différentes
doses sous lesquelles on les administre en boisson, d'après les meil-
leurs ouvrages de médecine.

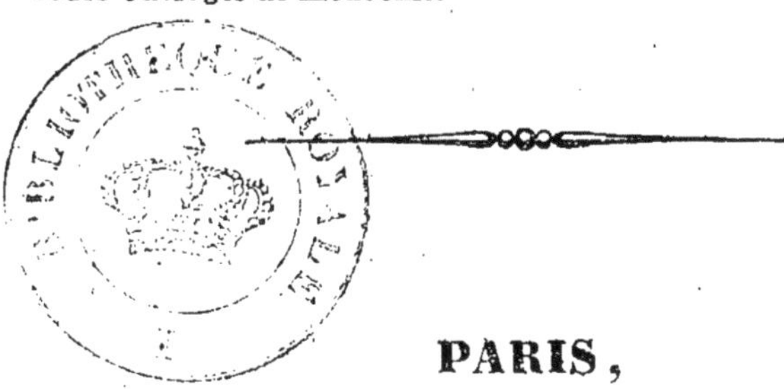

PARIS,

IMPRIMERIE DE TERZUOLO, RUE MADAME, 30.

1839.

	fr.	c
Sedlitz, la cruche.	3	
Id. la demie.	2	
Seydschutz, la cruche.	3	
Id. la demie.	2	
Pullna, la cruche.	2	50
Id. la demie.	1	75
Seltz ou Selters, le cruchon.		80
Id. le demi.		50
Fachingen, le cruchon.		80
Geilnau, *Id.*		80
Marienbad, *Id.*	2	50
Kissingen, *Id.*	1	50
Id. le demi.	1	
Passy, la cruche.	1	
Vichy, la bouteille.	1	
Bussang, *Id.*	1	
Contrexeville, *Id.*	1	
Bourbonne, *Id.*	1	
Forges, *Id.*	1	
Pougues, *Id.*	1	25
Chateldon, *Id.*	1	25
Spa, *Id.*	1	50
Plombières, *Id.*	1	50
Bonnes, *Id.*	1	75
Id. la demi-bouteille.	1	25
Barèges, la bouteille.	1	75
Cauterets, *Id.*	1	75
Enghien, *Id.*		90
Balaruc, *Id.*	2	
Mont-d'Or, *Id.*	2	
Pyrmont, *Id.*	2	
Wuldungen, *Id.*	2	
Heilbrunn, *Id.*	2	
Luxeuil, *Id.*	1	50

COUP D'ŒIL

SUR L'HISTOIRE

DES EAUX MINÉRALES.

De tous les temps, l'utilité des Eaux Minérales a été généralement reconnue; répandues sur toute la surface du globe, elles offrent à l'homme un remède puissant à ses maux : leur découverte fut due au hasard. Dans les premiers âges de la médecine, la tradition fit seule connaître leur efficacité; les guérisons qu'elles opéraient engageaient d'autres malades à les aller prendre, et c'est par une suite de succès qui ne sont pas démentis, qu'elles ont obtenu et mérité la confiance des médecins de tous les siècles.

Les Grecs, dont les connaissances en médecine furent audessus de celles des nations qui les avaient précédés, honoraient les sources d'eaux chaudes comme un bienfait de la divinité; elles étaient dédiées à Hercule, le dieu de la force; ils s'en servaient pour boisson, en bains et comme remèdes topiques. Hippocrate, le père de la médecine, nous parle (1) d'eaux chaudes imprégnées de cuivre, d'argent, d'or, de soufre, de bitume, de nitre, et les interdit pour la boisson ordinaire. Aristote enseigne, quatre cents ans avant l'ère chrétienne, qu'il se mêle avec les eaux des sources minérales des vapeurs de différente nature qui font leur principale vertu. Strabon décrit une source miraculeuse à laquelle il attribue la propriété de diviser la pierre dans la vessie et d'en évacuer les graviers. Théopompe (2) en indique une qui guérit les blessures. Archigènes (3) conseille les Eaux Minérales en bois-

---

(1) De Aere, locis et aquis, lib. 3 , cap. 2.
(2) Pline , liv. 3 , chap. 2.
(3) Actius , liv. 2, chap. 30.

son dans les maladies de vessie, depuis une livre jusqu'à douze ou quinze. Plusieurs médecins grecs employaient encore ce remède contre l'éléphantiasis, la colique, les paralysies, les affections nerveuses ; déjà on parlait des Eaux soufrées, alumineuses, bitumineuses, nitreuses, ferrugineuses. Galien (1) fait l'éloge d'une eau bitumineuse et martiale dont se servaient ceux qui étaient sujets à la gravelle; il défend la boisson des Eaux Minérales à ceux qui ont quelque *attriction, acerbité, aridité, acrimonie* dans les humeurs.

Les Eaux étaient un remède familier aux Romains, qui faisaient un usage habituel de celles d'Italie. Le golfe de Baïes, où la nature avait prodigué des sources thermales, était un lieu de délices ou se rendaient les premiers personnages de la république. C'est aux sources de Baïes que l'empereur Auguste dut la guérison d'un catarrhe pulmonaire compliqué d'anasarque. Vitruve (2), qui étudia également l'histoire naturelle et l'architecture, dit que les eaux nitreuses sont purgatives. Sénèque le philosophe (3) s'explique davantage; il est, suivant lui, des eaux célèbres par leur saveur ou l'usage avantageux qu'on en fait; les unes sont bonnes pour les yeux, les autres ont la vertu de guérir les maladies invétérées et même désespérées; il en est qui conviennent aux ulcères; la boisson de quelques-unes est utile aux poumons et aux viscères; on en trouve qui arrêtent les hémorragies; leurs vertus sont aussi variées que leur saveur. Pline, dans son histoire naturelle, traite des eaux acidulées, sulfureuses, salées, nitreuses, alumineuses, martiales et bitumineuses, etc. Il dit que l'eau sulfureuse est très-bonne pour les nerfs; que celle qui est alumineuse convient aux paralytiques, et que celle de mer enlève les tumeurs, surtout les parotides. Oribasse, qui vivait sous l'empereur Julien, parle beaucoup des

(1) De Facult. simpl., lib. 10.
(2) Lib. 8.
(3) De natural. 3, cap. 1.

eaux minérales naturelles; il conseille les eaux ferrugineuses dans les affections de l'estomac et du foie, développe quelques aperçus sur les eaux spiritueuses qu'on nomme aujourd'hui acidulées, et les juge salutaires dans les maladies des sens. Aetius, né en 455, paraît s'être beaucoup occupé de eaux minérales; il prescrit les eaux alumineuses, sulfureuses, contre les maladies nerveuses et rhumatismales, et surtout contre la lèpre, la gale, les dartres; il vante les eaux ferrugineuses dans les maladies chroniques du foie et de l'estomac, etc.

PREMIÈRE CLASSE.

Eaux minérales sulfureuses.

(Sinon hydro-sulfureuses, sulfurées, hépatiques.)

CONSIDÉRATIONS GÉNÉRALES.

Les Eaux minérales sulfureuses tirent leur nom du gaz hydrogène sulfuré, ou de l'hydro-sulfate de soude qu'elles contiennent; elles sont très-nombreuses dans les Pyrénées, et ne se montrent ordinairement que dans les terrains granitiques, ou du moins dans les terrains primordiaux.

Eaux de Barèges.

Les Eaux de Barèges sont les plus vantées, les plus connues, et sans contredit les plus méritantes de la France et de l'Europe; elles sont claires, limpides, exhalent une odeur d'œufs couvés; leur saveur est douce, fade, nauséabonde et oléagineuse; il se dégage des bulles de gaz de chaque source; ces bulles, que M. Longchamps a recueillies, sont de l'azote parfaitement pur.

D'après les analyses qui en ont été faites, les eaux de Barèges renferme des sulfate de soude, des sulfure et chlorure de sodium, de la silice, de la chaux, de la magnésie et quelques traces de barégine, d'ammoniac et de potasse caustique. C'est à Bordeu que les eaux de Barèges doivent en partie leur réputation aussi étendue que méritée. Ces eaux conviennent beaucoup dans les rhumatismes chroniques, dans les rhumatismes des muscles et des ligaments surtout, peu dans ceux qui attaquent les articulations; elles soulagent la sciatique, le lombago, les entorses, d'anciennes luxations, des tumeurs blanches , et quelquefois elles guérissent les fausses ankyloses , des claudications. M. Gasc , qui a bien étudié les effets de ces eaux, fait observer qu'elles ne guérissent jamais les tremblements nerveux, et qu'elles échouent souvent contre les scrofules, à moins qu'on n'en seconde l'effet, soit avec des frictions mercurielles comme le conseillait Bordeu, soit par des préparations d'iode, ainsi qu'on le pratique en beaucoup de lieux.

Mais le triomphe des Eaux de Barèges, c'est dans les maladies de la peau qu'elles l'obtiennent principalement, si ces maladies sont superficielles et anciennes; elles guérissent aussi les ophthalmies invétérées et la chlorose, soulagent les douleurs lentes du foie et de la rate; mais elles échouent fréquemment dans les maux vénériens.

On boit les Eaux de Barèges à la dose de trois à quatre verres par jour; ces eaux, douceâtres au goût, paraissent d'abord révoltante à cause de leur odeur, mais bientôt on s'y accoutume; elles passent facilement; bues en trop grande quantité, elles irritent la membrane muqueuse gastro-intestinale, ôtent l'appétit et provoquent la diarrhée; pour tempérer leur action, on les mêle au lait , au petit-lait ou à toute autre boisson adoucissante; pour remplir certaines indications, on les unit quelquefois au sirop anti-scorbutique , au vin amer , etc.

Eaux de Cauterets.

Les Eaux de Cauterets sont très-voisines de celles de Barèges, avec lesquelles elles ont beaucoup d'analogie; elles sont très-efficaces contre les maladies scrofuleuses, contre les pâles couleurs, les gastrites chroniques, et par dessus tout contre les rhumes anciens, les catarrhes négligés; elles ont fréquemment redonné la voix à des malades amaigris et essoufflés qui l'avaient perdue; un phthisique peut espérer guérir s'il n'a ni fièvre lente ni pléthore prononcée, ni maigreur externe, ni sueurs nocturnes, ni expectoration annonçant une phthisie déjà avancée. On boit les Eaux de Cauterets depuis deux verres jusqu'à cinq par jour, pures ou coupées avec du lait, de l'eau de chiendent, de l'eau de gomme: quelques personnes en prennent jusqu'à huit verres; on peut aussi en faire usage pendant les repas.

Eaux de Bonnes.

A la sortie des sources, l'eau est limpide, chariant pourtant quelques flocons de barégine; elle est onctueuse au toucher, exhale une odeur d'œufs couvés, sa saveur est douceâtre, un peu amère; l'eau de Bonnes contient de l'azote, du sulfure de sodium, de la soude caustique, du sulfate de chaux et de la silice, du gaz acide carbonique libre, et du gaz hydrogène sulfuré.

Les eaux de Bonnes sont les moins excitantes des Pyrénées, et sous ce rapport elles réussissent aux enfants, aux personnes faibles, délicates et irritables; leur premier effet est d'accélérer le pouls; si l'excitation est légère, elle augmente la force du malade, le rend plus gai, plus léger, plus dispos; si elle est plus forte, elle produit de la céphalalgie et de l'assoupissement, mais moins que les autres eaux sulfureuses des Pyrénées; l'effet secondaire des eaux de Bonnes est d'accroître les sécrétions naturelles et anormales, et en particulier celles des reins et de la peau; ces eaux ne sont purgatives qu'à haute dose : « C'est à nous, dit Bordeu, que sont dus »l'usage intérieur des eaux de Bonnes, leur application » aux maladies de la poitrine et l'heureuse célébrité qu'elles » ont acquises; elles ont guéri quelques pulmonaires et elles » en ont soulagé un grand nombre. Inconnues jusqu'ici à la »France, leur fortune vient de s'étendre depuis la capitale »jusqu'aux provinces les plus reculées, et jusque chez l'étran-»ger. » Le temps a justifié les éloges de Bordeu, et aujourd'hui on emploie les eaux de Bonnes presque uniquement pour

les maladies chroniques de la poitrine, telles que le catarrhe
pulmonaire, l'asthme humide, la pneumonie ; la pleurésie,
la phthisie laryngée et la phthisie pulmonaire, quant à cette
dernière maladie, c'est dans son premier degré seulement
que les eaux de Bonnes sont utiles ; elles soulagent, amélio-
rent l'état des malades dans le deuxième degré ; là il faut en
cesser entièrement l'usage, elles sont aussi avantageuses aux
jeunes filles chlorotiques et aux enfants prédisposés aux scrofules.

Les eaux de Bonnes se boivent depuis trois verres jusqu'à
douze ou quinze, soit le matin à jeûn, soit avant, pendant
et après le repas. Les sueurs que les malades éprouvent le
matin et les mucosités qu'ils expectorent ne doivent pas les
empêcher de prendre les eaux, qui sont béchiques suivant
l'expression de Bordeu ; elles excitent une petite fièvre très-
propre à mûrir promptement les affections catarrhales et favoriser l'expectoration ; elles sont bien préférables à l'usage
des calmants, des opiacés, à celui des adoucissants, des sirops pectoraux et du laitage.

Eaux d'Enghien.

Les eaux d'Enghien répandent une forte odeur d'œufs couvés ; elles sont claires, limpides ; leur saveur, fade, douceâtre,
est suivie d'une légère amertume et d'une espèce d'astriction,
elles renferment des hydrosulfures de potasse et de chaux,
des sulfates de chaux, de potasse et de magnésie ; des carbonates de chaux et de magnésie, des muriates de magnésie
et de potasse, un peu de silice et de matière végétale in-
décise, de même que de l'hydrogène sulfuré libre et quelques traces d'alumine, d'acide carbonique et d'azote, sans
vestiges notables de barigine.

Les principales maladies contre lesquelles les eaux sulfureuses d'Enghien sont employées avec succès sont, les maladies de la peau, les affections chroniques des viscères ; les

affections glanduleuses, les scrofules, le rachitisme, les maladies nerveuses, goutteuses et rhumatismales; enfin les maladies générales ou locales caractérisées par la débilité.

Les eaux d'Enghien se prennent en boisson, le matin, à la dose de deux à trois verres ; on peut les couper avec du lait d'ânesse ou de vache dans les affections de la poitrine.

DEUXIÈME CLASSE.

Eaux minérales acidules.

(Sinon gazeuses, spiritueuses, carboniques.)

CONSIDÉRATIONS GÉNÉRALES.

Les eaux minérales acidules sont caractérisées par la prédominance du gaz acide carbonique qu'elles contiennent ; elles sont très-commune dans l'Auvergne ; on a remarqué que plus le terrain d'où ces eaux proviennent est chargé de calcaire et se rapproche du terrain primitif, plus aussi elles sont riches en acide carbonique. M. Berzelius croit que ces eaux tirent leur origine de montagnes à volcans éteints.

Eaux de Seltz ou Selters.

La source de Selters tire son nom de Niederselters, village appartenant à la maison de Nassau, et qui fait partie de l'arrondissement Didstein. Afin que l'eau de Selters ne soit pas confondue comme elle l'a été très-souvent avec celle d'Oberselters et celle de Selters sur la Lahn dans l'arrondissement de Weilbourg, ni avec celle de Selters dans l'arrondissement de Grenzhausen, endroits qui se trouvent sur le duché de Nassau, l'envoi en est fait dans des cruchons de la contenance d'une mesure (d'environ un litre et un quart), et d'une demi-mesure ; ces cruchons sont fabriqués avec le plus grand soin, dans le duché, avec une bonne terre argileuse ; chaque cruchon est marqué sur le devant d'un écusson portant le lion de Nassau couronné avec l'inscription *Selters* et au-dessous ces mots : Herzogthun Nassau ; à la partie postérieure, sous l'anse du cruchon, se trouvent quelques chiffres, indiquant la demeure du fabricant et le numéro qui désigne son nom.

La source de Selters jaillit de terre avec force, et avec un grand bruit, formant une quantité de bulles innombrables, et donne l'un dans l'autre, d'après les expériences qu'on en fait ordinairement trois fois l'an, à l'occasion de son nettoiement, vingt maas d'eau par minute ; le maas pèse deux livres, poids de Cologne, par conséquent le produit par an est de cent dix-sept mille ohm (à peu près 15,700,000 litres); l'eau est claire comme le cristal, et depuis des siècles est toujours restée la même ; d'un picotement très-agréable et d'un goût acidulé et ferrugineux et en même temps un peu alcalin ; mêlée avec le vin, elle pétille et fournit des bulles abondantes, et une boisson fort agréable.

D'après les analyses qui en ont été faites par MM. Westrumb, Caventou et Bischof, l'Eau de Selters contient du natron acide carbonique et sulfurique, du sel commun, du natron acide phosphorique, de la chaux acide carbonique, de la magnésie, de l'oxide de manganèse et de la silice.

La découverte du natron acide sulfurique dans l'Eau de Selters fit reconnaître la cause de l'odeur désagréable que peut contracter cette Eau minérale, ainsi que toutes celles qui contiennent du sel acide sulfurique, malgré tout le soin qu'on porte à leur conservation.

Quelquefois on dit que ces Eaux sentent le pourri parce que l'on croit qu'elle le sont en effet ; cette cause de pourriture resta long-temps inconnue ; les chimistes mêmes ne pouvaient s'en rendre raison, parce que l'Eau de Selters, d'après sa composition, ne contient absolument aucun principe de corruption, et à proprement parler l'Eau de Selters ne peut jamais se corrompre ; mais il s'y manifeste un nouveau principe, savoir : l'hydrogène sulfuré, aussitôt qu'elle vient en contact avec la moindre partie de matière végétale ; le plus petit brin de paille suffit pour faire naître ce principe, d'ailleurs étranger à l'Eau de Selters.

En faisant transporter les cruchons neufs à la source de Selters, on prend garde qu'aucun brin de paille ou de foin ne s'introduise dans les cruchons; de cette manière il n'arrive que très-raremement que l'eau s'altère dans des cruchons neufs.

Mêlée avec le vin blanc, l'Eau de Selters, comme toutes les Eaux Minérales alcalines, devient noirâtre; le natron par son alliance avec les parties colorantes du vin, précipite le fer en lui donnant une couleur noire, d'après Andréac et Westrumb, la couleur noirâtre résultant de ce mélange.

Des vertus médicales de l'Eau de Selters.

Le célèbre médecin Hufeland, conseiller d'état à Berlin, en parlant des vertus médicales de l'Eau de Selters, dit entre autre choses : Parmi toutes les Eaux Minérales, il n'y en a pas dont on fasse aussi généralement usage dans toutes les contrées du monde que de celle de Selters, non-seulement partout en Europe, mais aussi en Amérique, au Cap de Bonne-Espérance et à Batavia, elle est connue et appréciée, elle passe la ligne sans s'altérer, le débit a été souvent d'un million et demi de cruchons et plus par an.

Elle mérite aussi cette distinction à juste titre, son goût agréable, son effet rafraîchissant et vivifiant, la faculté qu'elle a d'être employée pour la plupart des constitutions, et dans la plupart des maladies, et sa vertu distinguée dans quelques-unes de ces dernières, la rendent précieuse, tant pour ceux qui jouissent d'une bonne santé que pour les malades.

C'est une eau simple, saline, avec beaucoup de gaz acide carbonique, et ne contenant point de fer.

De là, elle a la faculté de rafraîchir, de donner de nouvelles forces, de favoriser les sécrétions, surtout celles des urines et de la peau; elle augmente l'activité du système lymphatique et glanduleux; elle est très-facile à digérer et ne cause ni échauffement ni congestion de sang, de manière qu'elle est bonne, tant pour les personnes sanguines et robustes, que pour les individus faibles, et est d'une grande utilité dans toutes les maladies de l'inactivité et de la faiblesse du système vasculaire, dans les constipations, les hémorroïdes, dans les maladies du foie et de la bile, dans la goutte et les humeurs scrofuleuses.

C'est surtout dans les maladies chroniques de poumon, et dans la plus grave de ces maladies, la pulmonie, que cette eau est de la plus grande efficacité; dans cette maladie, quand les plus forts remèdes ne produisent aucun bon effet, par la raison qu'ils agissent avec trop de violence, l'eau de Selters est d'une efficacité extraordinaire, et surtout dans toutes les sortes de pulmonies glaireuses, tuberculeuses et inflammatoires; dans les premières elle a le pouvoir, par l'effet excitatif qui lui est propre, de ranimer les forces des vaisseaux relâchés et des glandes glaireuses; dans les secondes, de corriger l'inactivité des glandes sans exciter aucune inflammations, ce que ne fait pas souvent l'usage des autres remèdes; dans les troisièmes, de convertir les sécrétions anomales en régulières, et de détruire la suppuration qui, au commencement, n'est que superficielle; même lorsque la pulmonie inflammatoire a atteint un assez haut degré, l'eau de Selters peut encore produire beaucoup d'effet; dans cette maladie, l'eau de Selters produit le meilleur effet quand on la mêle avec un tiers de lait chaud, surtout le lait d'ânesse.

Elle a aussi beaucoup d'efficacité dans toutes les sortes de maladies asthmatiques qui proviennent d'une accumulation de matières dans les poumons, dans les maladies de reins et de vessie, dans la gravelle, dans les hémorroïdes de vessie et les rétentions d'urines; quand elles n'emporte pas le mal elle le soulage toujours et diminue les douleurs, les crampes de vessie, et excite l'écoulement des urines. Dans beaucoup de cas, elle guérit radicalement, notamment dans la pierre et la gravelle, maladies dans lesquelles le gaz acide carbonique est reconnu pour être de la plus grande utilité.

Par la dernière analyse de cette eau, chef-d'œuvre d'analyse chimique faite par l'honorable Westrumb, il est prouvé qu'elle contient un peu de fer, mais en quantité si petite qu'on n'en tient pas compte en médecine; il se perd, durant l'analyse, par l'évaporation d'une partie du gaz acide carbonique.

Ce n'est pas la quantité de gaz acide carbonique que contiennent beaucoup d'eaux minérales, qui leur donne du mérite, mais bien l'union intime de ce gaz avec l'eau même; dans l'eau de Selters, le gaz acide carbonique est pour ainsi dire inséparablement attaché à l'eau; par ce moyen, elle conserve sa force pendant longtemps, soit exposée à l'air, soit dans le corps, dans les secondes voies, et dans l'intérieur de l'organisme.

C'est cette particularité si justement appréciée par le grand Hufeland, que devraient prendre en considération ceux qui pensent qu'une eau factice de Selters que les chimistes font en différents endroits, et dont il y a même des fabriques dans plusieurs grandes villes, peut remplacer l'eau naturelle de Selters. On a beau faire une eau saturée d'acide carbonique, de natron et d'oxide de fer, convenable peut-être pour plusieurs cas de maladies, ce ne sera jamais cette véritable eau de Selters remplie de force vitale, dans laquelle les autres parties constitutives se trouvent si étroitement unies à l'acide carbonique, si entièrement fondues, et par conséquent si propres à être reçues et assimilées par la masse des humeurs et les organes vitaux du corps humain. Malgré tous les efforts de la chimie, jusqu'à présent elle n'a pu imiter qu'imparfaitement l'eau naturelle de Selters, et elle n'y réussira pas plus qu'avec chaque autre eau minérale naturelle, car jusqu'alors l'eau de Selters artificielle ne produit pas, dans les maladies, des effets aussi avantageux que l'eau naturelle. Le gaz acide carbonique est si intimement combiné dans celle-ci, que son dégagement s'effectue avec lenteur dans

2

l'estomac ; son action est douce, prolongée et pénétrante ; l'eau facticé, au contraire, laisse dégager brusquement le gaz acide carbonique, qui occasionne une distension soudaine de l'estomac, accompagnée d'éructations incommodes; l'eau naturelle agit modérément, l'artificielle irrite; la première calme le vomissement ; la seconde, loin de l'apaiser, le provoque quelquefois.

Sous ce rapport, l'eau de Selters, d'après l'expérience de Westrumb, mérite la préférence sur toutes les eaux minérales.

Exposée à l'air elle conserve sa force plus que toute autre eaux minérale ; Hufeland la regarde comme la seule eau minérale qu'on puisse donner aux malades atteints d'une phthisie catarrhale ou muqueuse, sans craindre d'irriter leur poitrine.

On a obtenu un brillant succès de son emploi dans les endurcissements du foie et d'autres intestins du bas ventre, dans les fièvres ardentes, pourvu qu'elles ne proviennent pas de l'inflammation du poumon et de l'estomac; l'eau de Selters, mêlée avec du petit lait, est une boisson excellente, rafraîchissante, contraire à la fièvre et provoquant les crises par la peau et les urines; on fait chauffer le petit lait et l'on y verse de l'eau de Selters froide, ce qui produit un mélange tiède.

M. de Haen a recommandé l'eau de Selters il y a soixante ans, comme le meilleur remède contre les glaires, la laxité des vaisseaux, ainsi que contre le défaut de filtration dans le foie et dans les glandes des intestins, contre l'inaction dans les reins, etc.

Wetzler, conseiller de médecine Bavarrois, faisant l'éloge des vertus de l'eau de Selters, dit entre autres choses :

« Les acides rafraîchissants et dissolutifs parmi lesquels je compte l'eau de Selters par excellence, s'emploient à tort trop peu dans les maladies aiguës; ils ne sont pas seulement une boisson agréable et rafraîchissante, mais aussi un excellent remède dans les fièvres et dans les inflammations ; ils sont propres à hâter les crises lorsque la maladie inflammatoire est dans son décours ; on devrait les utiliser davantage, surtout dans les hôpitaux civils et militaires ; dans les maladies chroniques on se sert aussi trop peu de ces eaux minérales : combien de personnes pulmoniques ne pourrait-on pas sauver par leur moyen ! »

Le nombre des médecins et des naturalistes qui ont écrit des ouvrages qui traitent de la source de Selters, s'élève à plus de deux cents.

Une manière d'employer l'Eau de Selters qui mérite d'être plus généralement connue qu'elle ne l'a été jusqu'ici, c'est son emploi à rincer la bouche ; d'après des expériences fréquentes, son effet salutaire dans cet usage ne peut pas être assez estimé. En se rinçant la bouche plusieurs fois par jour avec l'Eau de Selters, surtout le matin et après chaque repas, on conservera ses dents propres et saines ; l'Eau de Selters fortifie non-seulement les gencives, mais elle a même la faculté d'empêcher les dents de se gâter et de mettre un terme aux autres maux de dents. Baucoup de dames ont donc adopté l'Eau de Selters comme un article indispensable de toilette ; l'eau dont on se sert pour se rincer la bouche doit être tiède et non trop froide.

Depuis des siècles l'Eau de Selters jouit à juste titre d'une réputation distinguée ; des milliers d'individus s'en sont servi dans toutes les contrées du monde avec le plus brillant succès, et l'abondance de sa source, jusqu'ici toujours la même, fait espérer qu'elle existera encore bien des siècles pour le bien de l'humanité.

Eaux de Vichy.

Les Eaux de la Grande-Grille sont celles que l'on emploie de préférence dans les maladies des viscères abdominaux, dans les engorgements du foie et de la rate, du mésentère et du pancréas, elles activent les sécrétions et deviennent quelquefois, quoique rarement, purgatives pour certaines personnes.

Celles de la source de l'Hôpital réussissent spécialement dans les maladies des voies digestives; elles ont une action marquée sur les intestins et agissent comme dérivatitif en occasionnant de légères purgations qui en général ne sont que passagères.

L'eau des Célestins paraît préférable aux autres dans le traitement de la goutte, de la gravelle, et probablement des engorgements lymphatiques; l'application que la médecine a faite des eaux de Vichy, dans le traitement de ces maladies, en prouve l'efficacité.

Les eaux de Vichy sont ordinairement prescrites à la dose d'un litre par jour, dont trois verres dans la matinée à jeûn et à demi-heure d'intervalle, et les deux autres après le déjeûner, l'autre après le dîner; si l'on emploie ces eaux comme digestives et dans les maladies ou faiblesses d'estomac, il faut les boire par verre avant et après le repas, ou si l'usage du vin n'est pas contre-indiqué, les mélanger avec ce liquide et les boire en mangeant.

Eaux de Pougues.

Les eaux de Pougues sont limpides, incolores, sans odeur, d'un goût aigrelet et alcalin; l'analyse a fait connaître qu'elles sont composées d'acide corbonique libre de carbonate de chaux et de magnésie, de bicarbonate et d'hydro-chlorate de soude, d'alumine, de silice et d'oxide de fer.

Les eaux de Pougues sont très-efficaces dans un grand nombre de maladies, principalement dans un grand nombre du bas-ventre; on peut citer des maladies du canal intestinal, connues sous la dénomination de gastrites, ou de gastro-entérites chroniques, selon que l'estomac ou les intestins sont affectés, en réglant l'action des organes digestifs; elles combattent cet excès de sensibilité, cette anomalie dans les lois de force vitale; le traitement de ces affections, aussi souvent nerveuses qu'inflammatoires, est long ; il dépasse la durée d'une saison ordinaire. L'eau doit alors être donnée à petite dose, en commençant par un demi-verre coupé avec une boisson adoucissante ; on augmente ensuite graduellement jusqu'à trois à quatre verres au plus, et l'on fait quelquefois usage, en même temps, de bains.

S'il survient de l'insomnie et une trop vive excitation, on interrompt le traitement pendant quelques jours.

Les eaux de Pougues ont procuré d'heureux résultats dans les maladies suivantes : dans les coliques hépatiques produites par des embarras des conduites du foie, dans les engorgements chroniques dits obstructions, ceux du foie et de la rate, les fièvres intermittentes, quartes, que n'a pu détruire le quinquina, la stérilité chez les femmes, occasionné par l'absence des mois, les écoulements muqueux chez les femmes comme chez les hommes, les pâles couleurs chez les jeunes filles irrégulièrement réglées, etc.

C'est surtout dans le traitement des maladies des voies urinaires que les eaux de Pougues se sont acquis une réputation bien méritée ; leur efficacité est aussi incontestable dans le catarrhe de vessie, entretenu par une période d'atonie : dans cette maladie comme dans les écoulements morbides, elles diminuent sensiblement les sécrétions muqueuses, en même temps qu'elles fortifient tout l'organisme.

Eaux du Mont-d'Or.

Les eaux du Mont-d'Or doivent être renfermées dans des vases hermétiquement bouchés, ne contenant qu'un verre ; avant de les boire, il faut faire chauffer ces petites bouteilles dans un bain-marie qui devra marquer de 46 à 48° Réaumur ; on commence par deux flacons les premiers jours ; on porte la dose jusqu'à quatre, pour ensuite redescendre graduellement jusqu'à un seul flacon ; après quoi, passé vingt à vingt-un jours, il en faut entièrement cesser l'usage.

Il est des cas où ces eaux doivent être données à plus faibles doses, et d'autres encore où il convient de les couper, soit avec du lait ou de l'eau de riz, ou de la dissolution de gomme arabique. On doit, sous le rapport des aliments, suivre un régime prescrit par le médecin qui en observe l'usage.

Eaux de Contrexeville.

Les eaux de Contrexeville sont limpides; elles ont une légère odeur martiale, d'une saveur fraîche, douceâtre, ferrugineuse et légèrement acidulée; elles contiennent des carbonates de soude, des sulfates de chaux et de magnésie, du protoxide de fer et un peu de matière organique; en gaz, de l'oxigène, de l'acide carbonique et de l'azote. Les diverses analyses qui en ont été faites ne s'accordent pas précisément : ceci fait croire que la science ne parviendra jamais à les contrefaire. On attribue aux eaux de Contrexeville plusieurs propriétés, entre autres celle de favoriser les menstrues et de faire fluer les hémorrhoïdes; mais leurs vertus médicales le moins contestées est de dissoudre la pierre; leur propriété est de faire rendre les graviers des reins, ainsi que de petits calculs qui seraient déjà descendus dans les uretères ou dans la vessie; elles sont aussi employées contre les affections goutteuses et contre les flueurs blanches. La dose à prendre est de trois à quatre verres chaque matin, pris à un quart d'heure l'un de l'autre; on les boit pures ou coupées avec du lait ou avec une infusion de chiendent; plusieurs personnes en ont bu jusqu'à douze et quinze verres.

Eaux de Bussang.

Les eaux de Bussang sont froides, pétillantes, d'un goût piquant et aigrelet, sont un peu astringentes; elles contiennent une quantité notable de gaz acide carbonique, du bicarbonate de soude, et un peu de fer à l'état de carbonate; cette eau est d'une saveur très-agréable, plus salée que l'eau de Seltz; on l'emploie à-peu-près dans les mêmes circonstances; on la prescrit principalement contre la gravelle, dans les dérangements de digestion et contre la leucorrhée.

On les prend d'abord à la dose de deux à trois verres, dose que l'on peut élever ensuite jusqu'à six ou huit verres. On en fait usage aux repas et dans l'intervalle, soit pure ou avec du vin, du lait, ou du sirop.

Eau de Chateldon.

Indépendamment de l'acide carbonique, ces eaux contiennent des bicarbonates de soude et de magnésie, du muriate de soude, et un peu de carbonate de fer; on les prend à la dose de cinq à quinze verres par jour; elles sont apéritives; quant aux vertus, voyez Vichy.

Eaux d'Heilbrunn.

L'Eau minérale d'Heilbrunn jouit depuis plus d'un siècle d'une assez grande réputation en Allemagne; elle vient d'être importée en France, l'analyse en a été faite par M. Barruel, qui l'a trouvée composée de plusieurs sels, presque tous à base de soude, lesquels se trouvent joints à de l'iode à du fer, à du brôme, à du gaz hydrogène carboné; cette Eau saline, susceptible d'être transportée et très-conservable, peut être prise en conséquence dans toutes les saisons et tous les lieux; la dose est d'un à quatre verres par jour durant deux à trois semaines; suivant la maladie et les premiers effets, on accroît les propriétés médicinales de cette Eau en la faisant chauffer au bain-marie juqu'à 25 ou 30 degrés Réaumur. On la conseille principalement dans les obstructions viscérales du ventre, dans les scrofules et surtout contre les engorgements goîtreux, lymphatiques ou même squirrheux.

TROISIÈME CLASSE.

Eaux minérales ferrugineuses acidules.

(Sinon ferreuses, martiales , chalybées.)

CONSIDÉRATIONS GÉNÉRALES.

On a rangé dans cette classe les eaux minérales où le fer apparaît, non comme ingrédien unique, mais comme principe prédominant ; les sources martiales sont si nombreuses qu'il n'est presque pas de contrée qui n'en possède une ou plusieurs ; elles sont assez communes en Normandie , et proviennent le plus ordinairement des terrains de transition ou secondaires.

Eaux de Forges.

Les eaux de Forges contiennent des carbonates de chaux et de fer, des muriates de soude et de magnésie, du sulfate de magnésie , un peu de silice et du gaz acide carbonique ; elles sont toniques et apéritives ; elles favorisent les mois des femmes ; c'est à cette classe qu'appartiennent les sources célèbres de Spa.

Les eaux de Forges sont toniques, apéritives ; elles sont utiles dans l'atonie de l'estomac, la perte de l'appétit, la dyspepsie, la diarrhée chronique, les flueurs blanches, les hydropisies passives, les engorgements du bas-ventre , les coliques néphrétiques, l'incontinence d'urines , la suppression des menstrues, la chlorose. Le Pec-de-la-Clôture assure que des œdèmes invétérés et des ascites confirmées ont été dissipés par l'usage de ces eaux. Mais un des plus grands avantages que des succès multipliés ont consacré comme une prérogative essentielle des eaux minérales de Forges , c'est leur efficacité contre la stérilité ; on boit les eaux de Forges à la dose de deux à quatre verres par jour , en laissant un intervalle d'une demi-heure entre chaque verre; on peut en augmenter la dose jusqu'à sept ou huit verres par jour ; on peut en boire aux repas, pure ou coupée avec du vin.

Eaux de Passy.

On reconnaît avec raison deux espèces différentes d'eaux de Passy, les anciennes et les nouvelles ; une longue expérience a prouvé que ces dernières méritent une préférence marquée sur les autres.

Les eaux minérales de Passy sont très-ferrugineuses ; elles ont des vertus puissantes, surtout lorsqu'il y a langueur de l'appareil digestif, dans la chlorose, les hémorrhagies passives, les affections scorbutiques, les engorgements des viscères abdominaux, les suppressions menstruelles, etc.

Elles prennent le nom d'épurées lorsqu'elles ont séjourné dans des fontaines de grès, où elles déposent une partie de leur fer ; dans cet état elles sont plus légères pour l'estomac, et souvent prescrites pour boisson habituelle ; on les boit à la dose de trois verres à deux pintes par jour, de préférence dans la matinée ; crainte de les décomposer on doit s'abstenir de les faire chauffer ; on peut, sans inconvénient, les couper avec du vin.

Eaux de Spa.

Spa sans ses eaux ne serait qu'une obscure et triste bourgade ; mais telle est la célébrité des sources qu'on y rencontre, qu'à cause d'elles et par elles, toutes les jouissances de la vie se sont comme acclimatées et concentrées dans leur voisinage.

Les eaux de Spa sont peu gazeuses, puissamment ferrugineuses et salines ; elles renferment du gaz acide carbonique, des carbonates de fer, de soude et de magnésie, du sel marin et du sulfate de soude.

Elles sont toniques et apéritives ; on les administre avec succès dans les maladies chroniques, dans les cas d'affaiblissement naturel et accidentel, d'affections chroniques des viscères abdominaux, dans l'hydropisie, la paralysie, les vomissements, les diarrhées anciennes, la suppression des règles, le scorbut et autres affections analogues ; on en prend d'abord trois ou quatre verres par jour, puis on peut augmenter successivement cette dose jusqu'au double, mais en laissant une intervalle d'un quart d'heure au moins entre chaque verre.

Eaux de Pyrmont.

Il est peu d'eaux minérales aussi riches en acide carbonique que celle de Pyrmont; il n'en est point de plus agréables ni de plus digestibles; on en fait usage dans les grandes faiblesses, dans les maux chroniques de l'estomac et du foie, dans les gastralgies et la jaunisse sans fièvre, dans l'hypochondrie sans inflammation, contre les vers ascarides et les lombrics, ainsi que dans quelques maladies nerveuses.

Hufeland la croit salutaire pour la faiblesse nerveuse de la vue; il a vu disparaître par des lotions avec cette eau, des taies, des imaginations, des toiles d'araignées et d'autres symptômes précurseurs de la cataracte.

On prend ces eaux le matin, depuis un verre jusqu'à cinq ou six verres, avec la précaution, également utile pour toutes les eaux minérales, de mettre un quart d'heure d'intervalle d'un verre à l'autre.

Cette eau est employée pure ou coupée avec le lait, avec le vin, avec le café, ou éducolorée avec du sirop d'orange ou du vinaigre framboisé : une promenade modérée favorise la digestion des eaux, ainsi que leur effet médicinal.

Eaux de Marienbad.

Ces eaux sont froides, limpides, sans odeur, d'une saveur agréable, acidule, saline, et vers la fin légèrement astringente. Les eaux de Marienbad contiennent du sulfate de soude, du carbonate de magnésie, du carbonate de fer, et une assez grande quantité d'acide carbonique.

Les eaux de Marienbad excitent moins le système sanguin que les eaux d'Éger; mais elles sont plus laxatives; elles avivent l'appétit, bonifient les digestions; à la dose de quatre ou six verres, elles augmentent d'abord la sécrétion urinaire, qui diminue à mesure que les évacuations alvines deviennent plus abondantes; en portant la dose de sept à huit verres, elles purgent fréquemment et sans coliques, sans affaiblir les malades qui, tout en continuant les eaux pendant un mois ou six semaines, voient leur apétit s'accroître et la digestion s'opérer plus facilement; on les recommande dans la plupart des maladies de l'appareil digestif, dans la gastralgie, l'embarras muqueux de l'estomac, l'engorgement du foie, de la rate, la constipation, la suppression des flux hémorroïdal et menstruel, etc.; elles sont nuisibles dans les maladies de poitrine. Malgré ses vertus encore peu connues, on exporte déjà, chaque année, plusieurs milliers de cruchons de Marienbad.

Eaux de Geilnau.

L'Eau de Geilnau, à la fois gazeuse, ferrugineuse et un peu saline, renferme des carbonates de chaux et de soude; du sulfate de soude, un peu de fer, quelques atômes d'un principe sulfureux et de gaz acide carbonique; elle favorise les sueurs et la sécrétion urinaire.

Les Eaux de Geilnau sont d'une douceur incomparable, leur action est lente et faible, et pourtant il en est peu d'aussi manifestement salutaires; on les conseille aux gens délicats, à ceux dont les nerfs sont très-susceptibles, ou les maux déjà trop avancés pour permettre sans progrès et sans dangers l'emploi d'Eaux plus énergiques; elles conviennent principalement aux personnes qui ont des obstructions profondes et déjà anciennes, à ceux qui souffrent de l'insomnie ou qui la redoutent. Lorsqu'il s'agit d'une affection pulmonaire, on est quelquefois obligé de couper l'Eau avec le lait ou avec quelques infusions innocentes et légères; la dose journalière de cette boisson peut varier depuis quatre verres jusqu'à seize; elle est salutaire dans les catarrhes pulmonaires équivoques, dans les phthisies imminentes ou déjà manifestes, dans les gastrites et les gastralgies, dans les maux de reins ou de vessie, contre les calculs de la goutte, la chlorose et la leucorrhée, la stérilité et l'impuissance.

QUATRIÈME CLASSE.

Eaux minérales salines.

CONSIDÉRATIONS GÉNÉRALES.

Envisagées d'une manière générale, toutes les eaux minérales sont plus ou moins salines, car toutes contiennent plus de sels que l'eau commune; mais on donne particulièrement le nom de salines à celles des eaux minérales qui, n'étant ni sulfureuses, ni ferrugineuses, ni acidules, ont pour principes prédominants quelques sels. Parmi les eaux salines, il en est plusieurs qui sont purgatives; la plupart ne possèdent pas cette propriété, de telle sorte que cette classe n'offre pas de caractère bien tranché; on a été obligé d'y placer toutes les eaux que les autres divisions n'ont pu admettre; tant il est vrai que la nature ne s'astreint pas à nos classifications. Aussi les considérations générales ne peuvent s'appliquer qu'à la majorité des eaux salines.

Eaux de Balaruc.

Les eaux de Balaruc ont une saveur salée et un peu amère; elles sont légèrement acidules, onctueuses au toucher, et l'analyse y fait reconnaître du muriate de soude, des muriates et carbonates de chaux et de magnésie, du sulfate de chaux et des traces de fer.

Elles sont apéritives et stomachiques; on les emploie avec succès dans la paralysie et les rhumatismes chroniques; elles conviennent beaucoup aussi aux goutteux, à quelques jeunes filles mal réglées, et à quelques paralytiques peu âgés, qui doivent leur infirmité à d'autres causes qu'à l'apoplexie; les douleurs sourdes qui resultent des vieilles blessures sont quelquefois adoucies par ces eaux; leur dose est de quatre à six verres chaque matin; si on en prenait davantage, elles agiraient comme un purgatif.

Eaux de Bourbonne-les-Bains.

Ces eaux sont remarquables par leur célébrité ; elles sont employées avec succès dans les maladies scrofuleuses, dans les rhumatismes musculaires chroniques, à la suite des fractures mal consolidées et des entorses, et pour les douleurs qui survivent à d'anciennes blessures ; mais leur efficacité est surtout manifeste dans les plaies d'armes à feu, de même que dans les paralysies dont l'apoplexie est innocente ; elles ne conviennent ni dans la syphilis ni dans la goutte, ni contre les maladies de vessie ou de la peau, qu'elles aggraveraient immanquablement ; il est quelques écoulements chroniques que ces eaux ont la vertu de tarir ou de modérer, à cause de l'irritation qu'elles déterminent vers la peau ; on les prend en boisson à la dose de trois à quatre verres, à jeûn dans la matinée ; on peut modérer leur activité en les mêlant avec du lait, de l'eau de gomme ou une infusion de tilleul, toutes les fois qu'on craint d'irriter l'estomac ou les nerfs.

Eaux de Plombières.

Les eaux de Plombières sont limpides, incolores, à peu près insipides ; elles ont une odeur fade, quoique onctueuses à la main ; les eaux de Plombières ont des propriétés excitantes comme, au reste, toutes les eaux minérales ; on les conseille contre les rhumatismes chroniques, contre la paralysie non apoplectique, dans quelques engorgements glanduleux, et contre les obstructions des viscères du ventre, dans les gastrites chroniques, principalement dans les maladies du foie et de l'utérus, et pour exciter le mois des femmes ; on les conseille aussi dans les maladies des systèmes locomoteurs et nerveux, dans les ankyloses incomplètes, les névralgies sciatiques et maxillaires, principalement dans diverses paralysies, dans quelques maladies de la peau, la chlorose, etc. On boit ordinairement ces eaux à la dose de deux à six verres ; on les mêle quelquefois avec du lait, du petit-lait, du sirop de gomme, de la tisane de chiendent, etc.

Eaux de Luxeuil.

Les eaux de Luxeuil sont limpides, inodores, onctueuses au toucher; elles impriment au goût un léger sentiment d'astriction; d'après l'analyse elles contiennent des chlorures de sodium, des carbonates de soude et de chaux, mêlés d'un peu de magnésie, de la silice et de la matière bitumineuse végétale. En boisson, ces eaux facilitent la sécrétion des urines et de la transpiration, excitent légèrement la membrane muqueuse de l'estomac, et activent un peu la circulation; on les administre avec avantage dans les maladies nerveuses, la gastralgie, les vomissements opiniâtres sans lésion organique, la stérilité, les maladies cutanées avec éréthisme, les rhumatismes nerveux, les paralysies locales, etc. Les eaux de Luxeuil s'administrent en boisson à la dose de quatre et six verres par jour, soit pures, soit mêlées avec du lait ou avec des sirops de guimauve ou de capillaire.

Eaux de Sedlitz.

Les Eaux de Sedlitz sont salines et purgatives; le célèbre Frédéric Hoffmann les fit connaître en 1721; depuis elles ont jouit d'une grande réputation; ces Eaux sont salées, amères, transparentes et incolores.

Elles s'emploient dans les maladies causées par la putridité des humeurs; c'est un purgatif sûr et agréable, dont on se sert avec succès pour entretenir les évacuations si utiles après les accouchements; en pénétrant dans la masse des liquides, elles tempèrent la bile échauffée, clarifient le sang, purgent les vicosités. On les emploie dans les douleurs de goutte et pour guérir toute espèce de fièvre; c'est un puissant remède contre les maladies des reins et de la vessie; en pénétrant dans ces viscères, elles entraînent les pierres et sablons, divisent les glaires et empêchent les pierres de s'y former ; elles sont un remède puissant contre les vers, et le plus agréable qu'on puisse donner aux enfants.

Il n'y a pas de remède peut-être qui guérisse si parfaitement et si radicalement les constipations habituelles que l'Eau amère de Sedlitz ; un seul verre, pris le matin avant ou après le déjeûner, tient le ventre libre sans causer la moindre incommodité.

Pour une purgation ordinaire, il faut en boire à jeûn quatre à cinq verres, mais en laissant un intervalle d'un quart d'heure entre chaque verre ; une personne difficile à purger fera fondre dans les deux premiers verres un paquet de sel de Sedlitz, sel que l'on prépare à la source par la seule évaporation de ces eaux ; pour se bien purger il est bon de prendre quelques tasses de bouillon aux herbes, où quelqu'autres boissons délayantes ; pour les enfants deux ou trois petits verres suffisent pour les purger ; chauffée au bain-marie, elle opère plus efficacement.

Eaux de Seydschutz.

L'Eau de Seydschutz est analogue à celle de Sedlitz, mais dans des proportions plus hautes ; elle est plus forte, plus salée et plus purgative ; on l'emploie dans les mêmes cas ; en Allemagne on la préfère à l'Eau de Sedlitz, elle opère plus promptement ; trois à quatre verres suffisent pour une purgation ordinaire ; on doit laisser un intervalle d'un quart d'heure entre chaque verre. Vertus et propriétés, voyez Sedlitz.

Eaux de Pullna.

L'Eau de Pullna est saline et purgative, elle renferme des sulfates de magnésie et de soude, des sulfates et carbonates de chaux ou carbonate de magnésie ; quelques traces de carbonate de fer, et des muriates de soude et de magnésie. D'habiles médecins en ont constaté les bons effets dans toutes les circonstances où il est nécessaire de purger d'une manière plus ou moins active et de déterminer une révulsion salutaire sur le tube intestinal.

Cette Eau réussit merveilleusement dans les obstructions ou engorgements soit des vaisseaux lymphatiques, soit des viscères, et par conséquent dans la foule innombrable des affections symptômatiques consécutives à ces diverses maladies ; de là son succès dans le carreau, les hydropisies, les leucorrhées, les affections des voies urinaires et du foie, puis dans les congestions cérébrales et abdominales, dans l'apoplexie, la manie, la mélancolie, et le mal hypocondraique.

Elle est aussi employée avec avantage dans les affections scorbutiques, dartreuses, rhumatismales, catarrhales, vermineuses des enfants et des adultes, dans les maladies aiguës et chroniques, en proportionnant aux circonstances la dose de se médicament, dont l'effet tantôt est rafraîchissant, tantôt purgatif ou résolutif.

Pour une purgation ordinaire, il faut boire à jeûn deux à trois verres de cette Eau ; mais on fait bien de ne boire le second qu'après un intervalle d'un quart d'heure ; un troisième verre est nécessaire quand les deux premiers ne font pas l'effet désiré, que cependant on favorise par quelques tasses de bouillon aux herbes ou de quelques boissons délayantes ; pour les enfants un ou deux petits verres suffisent.

Toutefois, s'il ne s'agit que de se guérir d'une constipation habituelle, un verre de cette Eau bu à jeûn, ou avant le coucher pendant quelque temps consécutif, ne tarde pas à faire passer cette disposition irrégulière.